레이먼 킴 심플 쿠킹 3. 생선과 소금

초판 1쇄 인쇄 2017년 7월 21일 초판 1쇄 발행 2017년 7월 31일

지은이 레이먼 킴
펴낸이 연준혁

출판1본부 이사 김은주
출판1분사 분사장 한수미
책임편집 최연진
디자인 강경신

사진 심윤석 그리고 정민영, 방성혁, 이해리(스튜디오 심)
푸드 스타일링 김은아(차리다 스튜디오)

펴낸곳 (주)위즈덤하우스 미디어그룹 **출판등록** 2000년 5월 23일 제13-1071호
주소 경기도 고양시 일산동구 정발산로 43-20 센트럴프라자 6층
전화 031)936-4000 **팩스** 031)903-3893 **홈페이지** www.wisdomhouse.co.kr

값 9,900원
ⓒ레이먼 킴, 2017
ISBN 978-89-98010-64-5 14590
ISBN 978-89-98010-66-9 (세트)

• 잘못된 책은 바꿔드립니다.
• 이 책의 전부 또는 일부 내용을 재사용하려면 반드시 사전에
  저작권자와 ㈜위즈덤하우스 미디어그룹의 동의를 받아야 합니다.

• 이 도서의 국립중앙도서관 출판예정도서목록(CIP)은 서지정보유통지원시스템 홈페이지(http://seoji.nl.go.kr)와
  국가자료공동목록시스템(http://www.nl.go.kr/kolisnet)에서 이용하실 수 있습니다.(CIP제어번호: CIP2017017041)

이 책이
당신의 냄비 받침으로
쓰이길 바란다

셰프의 레시피란, 함께 일하는 동료들에게는 설명서이자 교과서이며 언제나 그 맛과 양과 질을 지키겠다는 손님과의 약속이므로 레스토랑의 정체성이기도 하다. 그만큼 레시피에는 책임감이 따른다.

열다섯이 되던 해 캐나다로 이민을 가 직업으로 요리사 생활을 시작했던 때가 스물한 살이다. 고된 노동을 마치고 집에 오면 아무리 늦은 시간에라도 그날 배운 새로운 요리법이나 만들어보았던 요리들을 정리하고, 그림을 그리고 색을 칠해가며 레시피를 만들던 시간이 있었다. 돌이켜보면 그 레시피들은 정말 한심한 수준의 것들이 대부분이다. 하지만 요리에 특출한 재주가 없던 어린 동양인 요리사 지망생이 셰프가 되리라는 미래를 상상하며 할 수 있었던 유일하고도 즐거운 돌파구였고, 지금 내 레스토랑에서 실제로 쓰이는 프로페셔널한 레시피들의 기초가 되었다. 지금의 나를 만들어준 시간이 고스란히 담긴 더없이 귀중한 자료이다.

이 책은 태어나서 요리사로서 만드는 첫 요리책인 만큼 의미 있는 작업이다. 작업을 시작하며 이런저런 구상을 하고 회의를 하는 동안 무게감 있는 에세이나 화보 같은 멋진 사진들을 넣을까 진지하게 고민하기도 했다. 레시피를 몇 번이나 수정하고 다시 요리를 만들어보면서 '이건 너무 쉬운 것 아닌가? 대단한 레시피가 아니라서 실망하는 것은 아닐까?'라는 생각을 했던 것도 사실이다.

하지만 결국, 셰프로서의 중압감과 책임감은 내가 몸담고 있는 레스토랑의 주방 속에 넣어두고, 그저 직업이 요리사인 사람으로서 누군가 간단히 해 먹을 수 있는 음식을 물어본다면 그 누구에게라도 편하게 설명할 수 있는 레시피만을 적기로 했다. 그게 요리하는 즐거움이 아닌가. 물론 이 책의 몇 가지는 어려울 수 있으리라 예상하고 있다. 그래도 내게 특별한 레시피인 만큼 꼭 소개하고 싶었다.

그러므로 당신과 함께 만들 이 레시피들은 일반 가정에서 누구나 쉽게 요리할 수 있도록 복잡한 기구의 사용이나, 구하기 힘든 재료들, 전문가나 할 수 있을 듯한 조리법은 제외했다. 그 시절의 친구들을 위해 만들었던 요리들과, 함께 일하던 동료들과의 한 끼 식사, 이민자들의 사회인 캐나다에서 배운 가정식을 한국 실정에 맞게 적어보았다.

첫 요리책을 내는 바람이 있다면 당신이 고른 이 책이 요리가 필요할 때 한두 번 보고 이내 책장에 꽂혀 그대로 자리 잡지 않았으면 한다. 주방 한구석에 계속 머물면서 일주일에 한두 번은 펼쳐지고 사용되고 읽혀져 낡고 색이 바랠 만큼 당신의 주방에서 떠나지 않는 책이었으면 한다. 그래서 이 책이 냄비 받침 대신 쓰이기를 바란다.

당신에게 꼭 필요한 레시피 다섯 가지 정도는 이 책에서 찾을 수 있기를 간절히 바라며 언제나 "잘 먹고, 잘 사는(Eat Well, Live Well)" 라이프스타일을 이루길 바라고 바라고 바란다.

『생선과 소금』을 펴내며

질 좋은 소금은 질 좋은 바다에서 나는 경우가 많다. 그리고 질 좋은 바다에서는 그에 걸맞는
어패류들이 난다. 대한민국의 바다 삼면은 정말 질 좋은 물과 소금을 얻기 좋은 곳이다. 하지
만 현실은 수산시장이나 지방의 어시장에 가지 않는다면 동네 생선 가게에는 고등어, 삼치,
갈치, 오징어 등과 바지락, 홍합을 중심으로 한 국물용 패류들, 그것도 아니면 수입산 연어나
새우가 거의 전부이다. 제철 어패류라면 봄이면 꽃게나 주꾸미, 날씨가 추워지면서 굴, 가끔
대구가 보이는 정도다. 하지만 종류가 적다고 절대 실망하지 말자. 다만 요리법을 조금 바꾸
어보자. 국이나 찌개, 구이나 조림을 한식으로 요리하는 것도 좋겠지만 요리법을 서양식으로
조금만 바꾸면 지금까지 먹어온 평범한 어패류 요리를 다양하고 새롭게 맛볼 수 있다.
이 책은 평범하고 몇 종류 안 되는 우리 생선 가게의 현실에 맞추어 재료를 흰 살과 붉은 살,
그리고 조개 및 갑각류로 나누어 만들기도 쉽고 입도 눈도 즐거운 레시피를 만들어보았다. 오
늘 당신의 식탁 위에 놓인 오징어와 삼치가 지난번과는 다른 모습으로 요리되어 식탁에 오르
길 기대해본다.

전체 계량(중요 품목)

1컵	=	250ml
버터 1컵	=	227g
중력분 1컵	=	128g
강력분 1컵	=	136g
백설탕 1컵	=	201g
흑설탕 1컵	=	220g
꿀, 메이플 시럽 1컵	=	340g
1큰술	=	15ml
1작은술	=	5ml
양파 1개	=	약 200g
당근 1개	=	약 150g
파프리카 1개	=	약 180g
감자 1개	=	약 200g
셀러리 1대	=	약 25cm(잎 제외)
다진 마늘 1큰술	=	마늘 3알

흰
살 생
   선 01_FISH WHITE

11RECIPES

Fish & Chips
Fish Taco
Fish in Foil
Fish with Almond
Basque Fish Soup
Fish Curry
Smoked Croaker
Eel Korean Style
Garlicky Eel
Deep Fried Eel with Shrimp Red Curry
Peruvian Halibut Ceviche

FISH & CHIPS

피시 앤 칩스

생선튀김과 감자튀김을 먹자고 영국까지 갈 일이 없다. 집에서 이 정도로만 튀겨낸다면…
웬만한 영국 레스토랑보다 맛있다.

4인분 · 1시간

재료　흰살 생선(대구, 틸라피아 등, 각 120g) 4덩이, 소금 약간, 후추 약간
밀가루(중력분) 170g + 약간, 베이킹소다 1작은술, 레몬 1/2개 + 약간
맥주 235ml, 식용유(카놀라유, 포도씨유) 튀김용
감자튀김 약간, 레물라드 소스(2권 『닭과 달걀』 94쪽 참조) 약간, 몰트 식초 약간

만드는 법

01 튀김용 기름을 약 190°C에 예열해둔다.

02 생선살에 소금과 후추를 약간 뿌려둔 뒤에 10분 정도 놔둔다.

03 밀가루 170g에 베이킹소다, 소금과 후추 약간, 레몬 1/2개의 즙을 잘 섞은 뒤에 맥주를
조금씩 부어가면서 섞고 30분 정도 냉장고에서 숙성해 튀김 옷을 만들어준다.

04 생선살에 밀가루를 묻히고 튀김 옷을 입혀준다.

05 190°C 기름에 감자를 튀긴 뒤에 불을 낮춰 기름을 약 160°C로 맞추고 생선을 6분 정
도 1회 튀긴다.

06 생선을 건진 뒤에 다시 불을 190°C 로 올리고 1회 더 튀긴다.

07 감자튀김과 생선튀김, 레물라드 소스와 레몬을 함께 내거나 몰트 식초를 함께 낸다.

TIP

· 튀김 옷을 만들 때 맥주를 넣으면 맥주 속 효소가 튀김 옷의 숙성을 돕고 튀김 옷이 잘 벗겨지지 않게
해준다.
· 튀김 반죽은 절대로 많이 저어야 한다. 많이 저어 글루틴 생성이 되는 것을 막아야 튀김 옷이 질겨지지
않는다.
· 튀김 옷을 만들 때는 차가운 액체를 써야 튀김용 기름과의 온도 차로 바삭하게 튀겨진다. 단, 맥주를
사용할 때는 효소의 작용을 위해 미지근한 맥주를 사용하는 게 좋다. 그렇다면 맥주로 튀김 옷을 만든
뒤에 이를 냉장고에 차게 보관하여 사용하는 것이 좋다.

FISH TACO

생선 타코

멕시코에 세 번 방문했는데 두 번을 바하 캘리포니아(Baja California)로 갔다. 그곳에서는 타코 속에 생선을 넣어 먹는다. 바하 캘리포니아에서 타코라 하면 생선 타코가 진리다.

───────────── **4인분 · 30분** ─────────────

재료 흰살 생선(대구, 아구, 틸라피아 등) 400g, 타코 시즈닝* 약간, 레몬즙 2큰술
카놀라유 2큰술, 옥수수 토르티야(약 25cm) 8장, 밀 토르티야(약 25cm) 4장
다진 고수 1/4컵, 사워크림 1/2컵, 마요네즈 1/2컵, 소금 약간, 양상추 약간
토마토 약간, 양파 약간, 라임즙 약간, 핫소스 약간

***타코 시즈닝 재료** 칠리 파우더 2작은술, 큐민 가루 1 1/2작은술
코리안다 가루 1/4작은술, 소금 1/2작은술, 오레가노(건) 1/2작은술
마늘 가루 1/2작은술, 파프리카(건) 1/2작은술
옥수수 전분 1/2작은술

───────────── **만드는 법** ─────────────

01｜ 타코 시즈닝에 필요한 모든 가루를 잘 섞는다.

02｜ 생선을 가로세로 3cm 크기로 자른 뒤 레몬즙과 카놀라유를 잘 묻히고 만들어놓은 시즈닝의 절반을 골고루 묻혀 10분 정도 상온에 둔다.

03｜ 팬에 기름을 살짝 두르고 생선을 5분 정도 잘 굽는다.

04｜ 옥수수 토르티야는 튀기고 밀 토르티야는 팬에 굽는다.

05｜ 다진 고수, 사워크림, 마요네즈, 소금, 나머지 절반의 타코 시즈닝을 섞어서 소스를 만든다.

06｜ 원하는 토르티야 위에 잘게 자른 양상추와 토마토, 양파를 올리고 ⑤의 소스를 뿌린 다음 구운 생선을 올리고 기호에 따라 라임즙과 핫소스를 뿌려 먹는다.

FISH IN FOIL

생선 바비큐

이 요리를 알고 있다면 바비큐를 할 때 매번 네 발이나 날개가 달린 고기만 먹지 않아도 될,
필살의 레시피

─────────────── **4인분 · 30분** ───────────────

재료　　대구살(흰살 생선) 900g, 올리브유 약간, 감자 2개, 양파 1개, 파슬리 2큰술
　　　　　소금 약간, 후추 약간, 파프리카 파우더 약간, 레몬 1개, 화이트와인 약간
　　　　　버터 3큰술

─────────────── **만드는 법** ───────────────

01│ 최대한 두꺼운 포일을 준비해서 올리브유를 약간 발라둔다.

02│ 감자와 양파는 최대한 얇게 가로로 썰고 파슬리는 다져둔다.

03│ 포일 위에 얇게 썬 감자와 양파를 얹고 소금과 후추를 약간 뿌려둔다.

04│ 감자와 양파 위에 대구살을 얹고 소금, 후추, 파프리카 파우더를 약간 뿌린다.

05│ 레몬즙과 화이트와인을 뿌린 뒤에 버터를 조각내서 올리고 다진 파슬리를 뿌려 잘 감
　　싼 뒤 포일로 한 번 더 감싼다.

06│ 그릴 위에서 15분 정도 익힌다.

─────────────── **TIP** ───────────────

• 포일을 쌀 때는 속의 것은 조금 단단하게 두 번째는 약간 느슨하게 싸야 내용물이 타지 않는다. 이것은
　포일을 활용한 다른 요리에도 적용할 수 있다.

FISH WITH ALMOND

아몬드 생선튀김

빵가루만 묻혀 튀기면 그냥 생선가스다. 아몬드를 묻혀 굽듯이 튀기면 이태리식 생선튀김이 된다. 이것이 바로 한 끗 차이!

--- **4인분 · 30분** ---

재료 흰살 생선(광어, 넙치 등, 각 200g) 4덩이, 빵가루 1컵, 레몬 1개
아몬드 슬라이스 1/2컵, 달걀 2개, 우유 2큰술, 밀가루(중력분) 1/2컵
버터 2큰술, 소금 약간, 후추 약간

곁들이기 토마토 파스타(4권『감자와 토마토』38쪽 참조) 약간

--- **만드는 법** ---

01 | 빵가루, 레몬 1개 분량의 껍질을 잘게 간 제스트, 아몬드를 믹서나 핸드 블렌더에 함께 넣고 곱게 간다.

02 | 생선에는 소금, 후추를 약간 뿌려둔다.

03 | 볼에 달걀과 우유를 풀어 달걀물을 만들고 생선에 밀가루, 달걀물, ①의 빵가루 순서로 묻혀 냉동실에 10분 정도 굳힌다.

04 | 팬에 버터를 올려 약하게 녹이면서 생선을 굽듯이 튀긴다.

05 | 파슬리를 뿌리고 기호에 따라 파스타와 함께 낸다.

BASQUE FISH SOUP

스페인식 생선 수프

스페인 바스크 지방에서 온 상급 요리사가 생선을 잡던 날이면 해주던 생선 수프. 머리와
뼈로 국물을 내어 끓여주던 단골 스태프 식사였다. 참 맛있었다.

4인분 · 1시간 10분

재료　흰살 생선(대구, 틸라피아, 아구 등) 900g, 새우(껍질 깐 것) 12마리, 양파 1개
　　　　마늘 2알, 셀러리 2대, 버터 2큰술, 홀토마토 350ml, 화이트와인 1/2컵
　　　　파슬리 1/2컵, 월계수 잎 2장, 타임(생) 약간, 소금 약간, 후추 약간, 설탕 약간

만드는 법

01｜ 양파, 마늘을 잘게 자르고 셀러리는 잎째로 잘게 자른다.

02｜ 냄비에 버터를 넣고 양파, 마늘, 셀러리를 6분 정도 볶는다.

03｜ 홀토마토는 으깨서 화이트와인과 다진 파슬리, 월계수 잎, 타임, 소금, 후추를 넣고 뚜
　　 껑을 덮고 30분 정도 졸인 뒤 그릇에 담아 얼음물에 식혀 수프 베이스를 만든다.

04｜ 식힌 수프 베이스와 먹기 좋은 크기로 자른 생선을 냄비에 넣고 8분 정도 약한 불에 끓
　　 이다가 새우를 넣고 4분 정도 더 약한 불로 끓인다.

05｜ 마지막에 센 불에 5분 정도 끓이고 소금과 후추로 간을 한 뒤에 너무 시큼하면 설탕을
　　 약간 넣는다.

FISH CURRY

생선 커리

주방에서 일꾼 중에서 가장 아래이지만 가장 필요한 사람은 설거지 담당이다. 캐나다에서 일할 때 그 일을 가장 많이 하던 사람들은 서남아시아 계통이었다. 그때 그들이 가르쳐줘서 만들기 시작한 카레. 생선과 요구르트를 넣어 끓인 이 별미 카레는 지금도 우리 가게에서 스태프 식사로 가끔씩 만들어 먹는다.

─────────── **4인분 · 1시간** ───────────

재료 아구(흰살 생선) 1kg, 소금 약간, 후추 약간, 케이얀 페퍼 약간, 카놀라유 1큰술
양파 1/2개, 마늘 3알, 다진 생강 1/2큰술, 버터 1큰술, 커리 파우더 4큰술
홀토마토 2컵, 플레인 요구르트 1컵

곁들이기 청양고추 취향대로, 빵/난 혹은 밥

─────────── **만드는 법** ───────────

01│ 생선을 가로세로 3cm 크기로 자른 뒤 소금, 후추, 케이얀 페퍼를 뿌려둔다.

02│ 팬에 카놀라유를 두르고 잘게 자른 양파를 5분 정도 볶다가 다진 마늘과 생강을 넣고 1분 정도 더 볶는다. 청양고추를 넣고 싶으면 이때 넣는다.

03│ 생선을 팬에 버터와 함께 넣고 3분 정도 굽는다.

04│ 커리 파우더를 넣은 뒤에 홀토마토는 완전히 으깨 넣고 생선이 익도록 끓이다가 불을 아주 약하게 줄이고 플레인 요구르트를 넣어 섞는다.

05│ 소금과 후추로 간을 한다.

─────────── TIP ───────────

• 현지식처럼 빵이나 난과 함께 곁들여 먹으면 좋다. 물론 밥도 Good!

SMOKED CROAKER

훈제 굴비구이

우리 집안 사람들은 모두 굴비를 좋아한다. 심지어 두 살짜리 꼬마까지 굴비구이, 조기찌개 할 것 없이 좋아한다. 하지만 나는 싫어한다. 특유의 쿰쿰한 향이 싫어서 촬영을 위해 영광에 갔을 때 만들어낸 나를 위한 레시피이다. 요리사도 싫은 건 싫다.

———— 4마리 · 1시간 30분 ————

재료　　굴비 4마리, 소금 약간, 후추 약간, 강황 가루 약간, 쪽파 12대
　　　　　올리브유 약간, 버터 약간

훈제용 도구　　알루미늄 포일, 중국식 웍, 석쇠, 훈연용 나무(사과나무, 참나무 상관없음)

———— 만드는 법 ————

01｜ 굴비는 등 부분이 서로 붙어 있도록 배 쪽으로 칼을 넣어 뼈, 내장, 머리, 지느러미를 떼어낸 다음 소금, 후추, 강황 가루를 조금 뿌려 냉장고에서 30분 정도 양념에 재운다.

02｜ 뼈와 내장을 빼낸 자리에 쪽파 흰 부분을 넣고 팬에 올리브유와 버터를 넣어 살짝 구운 뒤에 식힌다.

03｜ 중국식 무쇠 웍에 알루미늄 포일을 깔고 훈연용 나무를 올린다.

04｜ 나무 위에 석쇠를 올린 뒤 굴비를 놓는다.

05｜ 웍의 윗부분을 포일로 완전히 덮어서 씌워놓는다.

06｜ 센 불로 올려 훈연용 나무조각들에서 연기가 나게 한다.

07｜ 불을 약하게 줄이고 연기로 굴비를 익힌다.

———— TIP ————

• 훈연용 나무조각의 절반은 물에 4시간 정도 담갔다가 빼서 물기를 제거해야 연기가 제대로 난다.

EEL KOREAN STYLE

한국식 장어구이

캐나다에서 동료들에게 뱀이라고 속여서 구워줬던 장어구이. 그 후로 거의 2년 동안 때마다 차이나타운에서 장어를 사다가 뼈를 가르고, 코리아타운에서 고추장을 사다가 소스를 만들어 스태프 식사로 만들어야 했다.

———————————— **4인분 · 1시간** ————————————

재료　손질된 장어 3마리, 생강채 약간, 고추장 2큰술, 올리고당 5큰술, 물엿 1큰술
　　　　다진 마늘 3큰술, 생강즙 4큰술, 간장 150ml, 물 120ml, 보드카 4큰술
　　　　참기름 약간, 후추 약간, 풋고추(곱게 간 것) 약간, 홍고추(곱게 간 것) 약간
　　　　볶은 깨 약간

———————————— **만드는 법** ————————————

01｜ 장어와 생강채를 제외한 모든 재료를 한 번에 잘 섞고 40분 정도 상온에서 숙성해 소스를 만든다.

02｜ 손질된 장어를 반으로 자른 뒤 팬에 초벌구이를 한다.

03｜ 소스를 발라서 두 번 정도 다시 굽는다.

GARLICKY EEL

마늘향 장어튀김

내 아내는 장어를 먹지 않는다. 그런데 몸이 허할 때는 장어를 먹이고 싶은 게 '남편'이자
'요리사'의 마음이다. 그래서 튀겨준다. 튀기면 신발도 맛있다고 하니까.

───── **4인분 · 1시간** ─────

재료　　손질된 장어 3마리, 커리 파우더 2큰술, 옥수수 전분 1/2컵, 밀가루(중력분) 1/4컵
　　　　　다진 마늘 1/2컵, 간장 6큰술, 화이트와인 2큰술, 설탕 4큰술, 물엿 6큰술
　　　　　고춧가루 6큰술, 고추장 2큰술, 타바스코 소스 2큰술, 튀김용 기름 약간

곁들이기　　꽈리고추 혹은 피망

───── **만드는 법** ─────

01│ 튀김용 기름을 약 180°C에 예열해둔다.

02│ 뼈와 잔가시를 최대한 제거한 장어를 3cm 정도로 자른 뒤 차례로 커리 파우더와 옥수
　　수 전분, 밀가루에 묻혀둔다.

03│ 마늘은 곱게 다진 뒤 찬물에 5분 정도 담가 매운 맛을 뺀다.

04│ 다진 마늘을 비롯해 모든 양념 재료를 잘 섞어 소스를 만들어둔다.

05│ 밀가루 옷을 입혀놓은 장어를 기름에 튀긴다.

06│ 만들어놓은 소스를 팬에 올려서 기름과 함께 볶다가 튀긴 장어를 섞어서 재빨리 다시
　　볶는다.

07│ 기호에 따라 꽈리고추나 피망을 함께 볶는다.

DEEP FRIED EEL WITH SHRIMP RED CURRY

새우 커리와 곁들인 장어튀김

다시 말하지만 언제까지 소고기, 돼지고기, 닭고기만 넣은 커리를 먹을 것인가. 생선만큼
커리와 어울리는 단백질도 없다.

———————————— 4인분 • 1시간 ————————————

장어튀김 재료 손질된 장어 2마리, 후추 약간, 맥주 1컵, 소금 약간
밀가루(중력분) 1컵, 베이킹소다 1작은술, 달걀 1개, 튀김용 기름 약간

새우커리 재료 새우 12마리, 코코넛 밀크 통조림(달지 않은 것) 300ml
타이 레드 커리(Thai Red Curry) 2큰술, 양파 1개, 당근 1/2개, 샬롯 2개
오크라 10개, 가지 1개, 파프리카(적색) 1/2개, 시금치 200g
소금 약간, 물 1/2컵

———————————— 만드는 법 ————————————

01│ 튀김용 기름을 180°C에 예열해놓는다.

02│ 장어를 약 5cm 크기로 먹기 좋게 자른 뒤 후추를 곱게 뿌려놓는다.

03│ 미지근한 맥주 1컵에 밀가루, 베이킹소다, 달걀을 넣고 잘 저은 뒤 소금을 약간 넣어
튀김 옷 반죽을 만든다.

04│ 반죽은 15분 정도 냉장 숙성한 뒤에 장어를 밀가루에 조금 묻혀서 반죽을 입힌 후 튀
긴다.

05│ 코코넛 밀크는 미리 차갑게 냉장고에 보관해놓는다.

06│ 양파, 당근, 샬롯은 가늘고 길게 썰어놓고 오크라, 가지, 파프리카는 엄지손톱의 반만
한 크기로 잘라놓는다.

07│ 차가운 코코넛 밀크의 뚜껑을 따면 기름이 있는데 이 기름을 2큰술 퍼내어 팬에 두르
고 약간 점성이 생기도록 약한 불에서 졸인다.

08│ 팬에 커리 페이스트를 넣고 잘 볶은 뒤에 얇고 길게 썰어둔 양파, 당근, 샬롯을 넣어서
한 번 더 볶는다.

09│ 팬에 새우와 코코넛 밀크 300ml를 추가로 넣고 끓인다. 이때 너무 점성이 강하면 물을
1/2컵 넣는다.

10│ 새우는 건져내고, 5분 정도 더 끓인 뒤에 소금으로 간을 한다.

11│ 다른 팬에 기름을 두르고 적당히 자른 시금치를 넣어서 살짝 볶은 뒤 커리 팬에 새우와
함께 넣어 살짝만 더 끓인다.

12│ 장어튀김과 함께 커리를 낸다.

PERUVIAN HALIBUT CEVICHE

페루식 광어 세비체

페루의 '미스투라'라는 음식축제에 초대를 받아 간 적이 있다. 그때 아침부터 점심까지 거의 매일 먹었던 세비체. 그래도 질리지 않던 세비체. 세비체 전문 식당은 밤에는 열지 않는다, 어선이 밤에는 들어오지 않으니까.

― **4인분 · 35분** ―

재료　광어 500g, 레몬 1개, 라임 1개, 소금 약간, 백후추 약간, 다진 고수 1작은술
　　　　청양고추 1개, 적양파 1/2개, 올리브유 2큰술

곁들이기　삶은 고구마 혹은 삶은 옥수수

― **만드는 법** ―

01ㅣ 레몬즙, 라임즙, 소금, 백후추, 다진 고수를 섞어서 소스를 만든다.

02ㅣ 청양고추는 씨를 제거해 아주 잘게 다지고 적양파는 얇게 채를 쳐서 소스에 섞는다.

03ㅣ 광어는 엄지손톱 크기만큼 잘라서 소스에 담가 냉장실에서 20분 정도 재운다.

04ㅣ ③에 올리브유를 뿌린 뒤 다시 한 번 잘 섞고 기호에 따라서 삶은 고구마나 옥수수를 세비체 위에 올린다.

붉은살 생선 02_FISH RED

7RECIPES

Pan Fried Trout
Honey & Whisky Glazed Salmon
Tuna Soup(Encebollado)
Sesame & Pepper-corn Tuna Steak with Citrus Salsa
Mexican Tuna Ceviche
Mackerel Ragu
Smoked Salmon

PAN FRIED TROUT

송어구이

아르헨티나에서 온 나의 어린 시절 셰프가 직접 잡은 송어를 가장 송어답게 먹는 방법이라고 가르쳐준 요리법

―――――――――― **4인분 · 40분** ――――――――――

재료 송어 2마리, 소금 약간, 후추 약간, 마늘 가루 약간, 로즈메리(생) 4줄기
오레가노(생) 4줄기, 타임(생) 6줄기, 마늘 2알, 양파 1개, 레몬 2개
베이컨 8장, 올리브유 2큰술, 버터 1큰술, 소금 1큰술

―――――――――― **만드는 법** ――――――――――

01 송어는 배를 갈라 내장을 제거한 상태에서 소금과 후추, 마늘 가루를 속부터 겉까지 뿌려둔다.

02 로즈메리, 오레가노, 타임, 세로로 자른 마늘, 두껍게 썬 양파, 레몬 슬라이스를 송어의 배 속에 채워 넣는다.

03 송어를 베이컨으로 감싼 뒤 조리용 끈이나 두꺼운 실로 묶는다.

04 납작한 냄비에 올리브유를 뿌려 송어를 구운 뒤 거의 익었을 때 버터를 살짝 넣어서 맛을 가미한다.

HONEY & WHISKY GLAZED SALMON

꿀과 위스키를 바른 연어 스테이크

그냥 굽는 연어는 실패의 확률이 꽤나 높다. 부스러지고 덜 익고… 그럴땐 치트키를 써보
자. 달고 씁쌀한 맛의 크러스트로 가려보자!

―――――――――――――――― **4인분 · 30분** ――――――――――――――――

재료　　스테이크용 연어(각 150g) 4덩이, 소금 약간, 후추 약간, 올리브유 1큰술
　　　　　버터 3큰술, 흑설탕 3큰술, 꿀 2큰술, 위스키 약간

―――――――――――――――― **만드는 법** ――――――――――――――――

01│ 연어에 소금과 후추를 약간 뿌려놓는다.

02│ 프라이팬에 올리브유를 살짝 두르고 강한 불로 연어의 한쪽 면을 익힌다.

03│ 프라이팬을 중간 불로 낮춘 뒤 연어를 뒤집고 버터를 연어 사이사이에 올려 녹인다.

04│ 버터가 녹으면 흑설탕을 뿌려주고 버터와 흑설탕이 섞이면 불을 좀 더 낮춰서 졸이듯
　　　이 익힌다. 이때 연어가 타서 달라붙지 않도록 한다.

05│ 연어 위에 꿀을 뿌려준다.

06│ 마지막으로 불을 아주 강하게 올리고 위스키를 약간 넣어 불을 붙여 마무리한다. 불 붙
　　　이기를 생략할 때는 위스키를 아주 조금 넣고 알코올만 날린다.

―――――――――――――――― **TIP** ――――――――――――――――

• 알코올이 들어간 음료로 불을 붙여 조리하는 것을 '플람베'라고 한다. 알코올과 함께 잡내를 날리고
음식에 풍미를 더한다. 가정에서 불 걱정이 되거나 인덕션을 쓸 때는 생략하되 알코올 음료의 양을 줄
인다. 단, 특히 생선과 해산물은 플람베를 하면 맛이 더 좋아진다.

TUNA SOUP(ENCEBOLLADO)

양파가 풍부한 참치 수프

2016년 에콰도르 대사관 초청으로 에콰도르에 갔다. 그때 가장 많이 먹었던 수프를 만들어 보았다. 길거리에서도, 파인다이닝에서도, 마치 한국의 콩나물해장국처럼 어디서나 대중적으로 파는 수프

______________ **4인분 · 1시간** ______________

재료   참치(등살) 400g, 적양파 800g, 홀토마토 300g, 베트남 고추(건) 1~2개
큐민 가루 약간, 고수 줄기 10개, 물 4컵, 카사바(혹은 고구마) 100g
다진 마늘 1큰술, 라임 4개, 다진 고수 잎 1/4컵, 아보카도 1개
식용유 100ml + 약간, 소금 약간, 후추 약간

______________ **만드는 법** ______________

01 | 적양파는 모두 길게 썰어서 400g은 소스용으로 보관하고, 나머지 400g은 홀토마토(으깨서 즙을 뺀 것), 베트남 고추, 큐민 가루, 소금과 함께 기름을 약간 둘러 볶아준다.

02 | 양파를 볶은 팬에 고수 줄기와 물 4컵을 추가로 넣고 3컵 정도가 될 때까지 졸여서 수프 베이스를 만든다.

03 | 카사바(혹은 고구마)는 100g 모두, 참치는 3등분으로 나눠서 2등분을 수프에 넣고 15분 정도 약한 불에서 끓인다.

04 | 나머지 참치 1등분은 소금과 후추를 묻혀 다른 팬에서 겉면만 살짝 구워 타다키를 만들어 식혀둔다. 8조각 정도로 만들어 마지막에 수프에 올린다.

05 | ③의참치와 카사바는 꺼내서 원하는 모양대로 잘라주고 수프는 소금으로 살짝 간을 한다.

06 | 소스용 양파 400g, 다진 마늘, 라임즙, 다진 고수 잎(약간 남겨둔다), 식용유, 소금을 넣고 양파 소스를 만든다.

07 | 그릇에 익힌 참치와 카사바를 넣고 수프를 부은 뒤 양파 소스 약간과 참치 타다키, 작은 정사각형으로 자른 아보카도, 고수 잎을 올려 낸다.

SESAME & PEPPER-CORN TUNA STEAK WITH CITRUS SALSA

참깨 참치 스테이크와 시트러스 살사

늘 안타까웠다. 참치를 왜 회나 회덮밥으로만 먹을까? 이제부터 스테이크로 먹어보자. 언제나 그랬던 것처럼!

4인분 · 30분

참치 스테이크 재료 참치(등살) 400g, 소금 약간, 후추 약간, 커리 파우더 1큰술
마늘 2알, 라임즙 1큰술, 흰깨 약간, 검은깨 약간
올리브유 약간

시트러스 살사 재료 귤 200g, 레몬 1개, 오렌지 1/2개, 파인애플(캔) 2쪽
코코넛 플레이크 1큰술, 설탕 1작은술, 소금 약간, 후추 약간
케이얀 페퍼 1큰술, 베트남 고추(건) 2개
엑스트라 버진 올리브유 약간

만드는 법

01│ 시트러스 살사는 오렌지는 1.5cm 크기, 나머지 모든 재료는 가로세로 0.5cm 크기로 자른 뒤 코코넛 플레이크를 뿌리고 설탕, 소금, 후추, 케이얀 페퍼, 베트남 고추, 올리브유를 넣고 잘 섞어서 30분 정도 냉장실에서 숙성해서 사용한다.

02│ 참치 위에 소금과 후추, 커리 파우더, 곱게 다진 마늘을 순서대로 바른 뒤 라임즙을 뿌려서 10분 정도 그대로 놔둔다.

03│ 굽기 전에 흰깨와 검은깨를 참치에 뿌린 뒤 팬이나 철판에 레어로 굽는다.

MEXICAN TUNA CEVICHE

멕시코식 참치 세비체

멕시코의 로스카보스로 신혼여행을 가기 정확히 1년 전에 촬영을 위해 찾았던 곳에서 현지인에게 초대받아 먹었던 세비체. 그 맛을 잊을 수가 없다.

4인분 · 40분

재료 참치 400g, 레몬 1개, 라임 1개, 오렌지 1/2개, 간장 1큰술, 타바스코 1큰술
 할라피뇨 피클 4개, 소금 약간, 백후추 약간, 다진 고수 1작은술, 청양고추 1개
 토마토 1개, 적양파 1/2개, 올리브유 2큰술, 콘 토르티야 4장

만드는 법
---

01 | 레몬즙, 라임즙, 오렌지즙, 간장, 타바스코, 다진 할라피뇨 피클, 소금, 백후추, 다진
고수를 섞어서 소스를 만든다.

02 | 청양고추는 씨를 제거한 뒤에 아주 잘게 다지고, 토마토는 0.5cm 크기의 정사각형으
로 작게 자르거나 다지고, 적양파는 얇게 채를 쳐서 소스에 섞는다.

03 | 참치는 엄지손톱 정도로 잘라서 소스에 담근다.

04 | 30분 정도 냉장고에서 숙성한다.

05 | 숙성한 세비체를 꺼내 올리브유를 뿌려 다시 한 번 잘 섞은 뒤에 튀긴 콘 토르티야를
부숴서 세비체 위에 올린다.

TIP

- 세비체는 한국의 물회나 회무침과는 요리 방식에서 비교가 된다. 초고추장으로 버무려서 맛을 내는
물회나 회무침과는 다르게 세비체는 라임, 레몬 등의 산도가 높은 과일의 산으로 세균을 익히는 방법
을 쓰기 때문에 일종의 '쿠킹(COOKING)'으로 볼 수 있다.

MACKEREL RAGU

고등어 라구

한국의 마트에 가면 고등어가 떨어질 때가 없다. 그렇다고 고등어를 매일 굽거나 조림으로
만 먹기는 좀 아쉽지 않은가. 하지만 집에서 일식 초절임을 만들 수도 없고 고등어 오일 파
스타도 만들기가 꽤 까다롭고 비릴 것 같다면 토마토에 맡겨보자. 토마토소스는 버터, 간장
과 함께 3대 반칙 재료다. 무엇이든 맛있어지게 만드니까.

─────────────── **4인분 · 2시간 30분** ───────────────

재료　　고등어 3마리, 올리브유 60 ml, 양파 2개, 셀러리 1대, 마늘 4알
　　　　타임(생) 3줄기, 페퍼론치노(건) 4개, 닭 육수(2권 『닭과 달걀』 54쪽 참조) 300ml
　　　　베이컨 혹은 판체타 150g, 화이트와인 100ml, 토마토 페이스트 150ml
　　　　홀토마토 360g, 우유 250ml, 버터 80ml, 바질(생) 10장, 마졸람(생) 약간
　　　　소금 약간, 후추 약간, 파스타(건 스파게티) 320g

곁들이기　　파르메산 치즈 약간

─────────────── **만드는 법** ───────────────

01 ｜ 고등어는 손질해서 살만 발라낸 뒤 소금을 약간 뿌려둔다.

02 ｜ 팬에 올리브유를 두르고 중간 불에 잘게 자른 양파와 셀러리를 넣고 양파가 갈색이 나
　　　도록 볶는다.

03 ｜ 팬에 마늘, 타임, 페퍼론치노 다진 것을 넣고 5분 정도 더 볶다가 닭 육수의 반을 넣고
　　　2분 정도 끓인 뒤에 다른 그릇으로 옮겨둔다.

04 ｜ 같은 팬에 고등어와 베이컨을 넣고 후추를 약간 넣은 뒤 중간 불에서 10분 정도 볶다가
　　　체에 받쳐서 기름을 뺀다. 고등어를 볶을 때는 포크나 스푼으로 으깨듯이 볶는다.

05 ｜ 기름을 뺀 내용물을 팬에 다시 옮기고 센 불로 맞춘 뒤에 화이트와인을 뿌리고 와인이
　　　졸아들 때까지 끓인다.

06 ｜ 팬에 토마토 페이스트를 넣고 약한 불에서 5분 정도 볶다가 홀토마토를 으깨서 넣고,
　　　다른 그릇에 옮겨둔 ③의 재료를 넣은 뒤 2분 정도 더 볶는다.

07 ｜ 우유를 넣고 약 2분 끓이고, 버터와 나머지 육수를 넣고 약 5분을 더 끓인 뒤에 불을 약
　　　하게 낮추고 바질, 마졸람, 소금, 후추를 넣고 소스가 걸쭉해질 때까지 아주 약한 불로
　　　2시간 정도 졸인다.

08 ｜ 파스타 면을 삶아서 소스에 볶거나 면 위에 소스를 뿌린다. 기호에 따라 파르메산 치즈
　　　를 뿌린다.

SMOKED SALMON

훈제 연어

캐나다에 살 때는 원래 훈제 연어는 집에서 만들어 먹는 건 줄 알았다. 사 먹는 건 줄 몰랐다. 후후후.

6인분 · 13시간 준비, 4시간 조리

재료   연어 1.8kg, 물 1컵, 화이트와인(드라이한 맛) 1컵, 간장 2컵
타바스코 소스 1작은술, 양파 가루 1작은술, 마늘 가루 1작은술, 후추 1/2작은술
설탕 1/3컵, 소금(요드가 들어 있지 않은 것) 1/4컵, 주니퍼베리(option) 2큰술

훈제용 도구   훈제용 나무조각, 알루미늄 포일, 비비큐 그릴

만드는 법

01 | 연어는 뼈를 제거하고 껍질은 있는 상태로 준비한다.

02 | 큰 볼에 연어를 제외한 모든 재료들을 아주 잘 섞어서 재워둘 양념장을 만든다.

03 | 연어가 통째로 들어갈 수 있는 용기에 연어를 넣고 양념장을 뿌린 다음 12시간 정도 냉장 보관한다.

04 | 양념장을 모두 버리고 키친타월로 연어의 물기를 제거한 뒤에 1시간 정도 냉장고에서 물기를 모두 말린다.

05 | 훈제용 나무조각을 4시간 이상 물에 담가놨다가 물기가 얼마간 있는 상태로 포일로 한 번 꽉 싼 뒤 한 번 더 느슨하게 싸서 구멍을 많이 뚫어준다.

06 | 뚜껑이 달린 바비큐 그릴 안에 한쪽은 숯을 깔고 반대편은 포일에 싼 훈제용 나무조각을 넣는다.

07 | 나무조각을 올린 쪽 그릴에 은박지를 두 겹 깔고 구멍을 10개 정도 뚫어서 연기는 올라오고 기름은 빠지도록 해준다.

08 | 연어를 나무 쪽으로 올려서 직화를 피한다.

09 | 그릴 뚜껑을 덮고 내부 온도를 약 75°C에 맞춰서 4시간 정도 익히면서 중간에 딱 1번만 뒤집어서 확인한다.

TIP

• 연어를 두껍게 하거나 훈제의 향을 더 짙게 하고 싶으면 2시간 정도 더 훈제를 한다.

• 연어에 더 간간한 맛을 원하면 6시간 정도 추가로 양념장에 담가 둔다.

• 훈제 연어는 설탕, 소금, 향신료 등을 뿌려서 숙성하는 '그라브락스(gravlax)'와는 다르게 용액에서 숙성한다.

조개 및 갑각류 03_SHELLFISH

15RECIPES

Corn Soup & Polenta Crusted Scallops
Mac & Cheese with Lobster
Seafood Cioppino
Clams in White-wine Cream Sauce
Shrimp & Asparagus Risotto
Baby Octopus in Spicy Tomato
Blue Crab Bisque
Clams & Chorizo Stew
England Clam Chowder
Nero di Seppia
Zuppa di Cozza
Vongole Pasta
Garlicky Clam in Foil
Ecuador Shrimp Ceviche (Ceviche de Camaron)
Stuffed Calamari

CORN SOUP & POLENTA CRUSTED SCALLOPS

바삭한 관자를 넣은 콘 수프

제대로 만들자면 어렵다. 그런데 옥수수 캔을 쓰면 생각보다 쉽다. 신선한 관자만큼 맛있는 것도 별로 없으니. 문제는 이렇게 한 번 4인분을 만들어 먹으면 다음 번엔 절대로 관자를 그냥 굽지 못한다. 함께 맛본 나머지 3인이 이 레시피대로 '또' 해달라고 할 것이 분명하기 때문이다.

--- **4인분 · 1시간** ---

재료 관자(큰 것) 8개, 콘밀 가루(폴렌타, 옥수수 가루로 만든 이탈리안 식재료) 100g

   무염 버터 2큰술, 양파 1/2개, 옥수수(캔) 1.5캔

   닭 육수(2권 『닭과 달걀』 54쪽 참조) 1 1/2컵, 삶은 감자 1개, 생크림 1/2컵

   소금 약간, 백후추 약간, 올리브유 약간

--- **만드는 법** ---

01 | 팬을 중간 불에 올려 버터를 녹이고 채 썬 양파를 볶은 뒤 분량의 옥수수와 옥수수 캔 속에 있는 국물, 닭 육수, 삶은 감자를 잘게 부숴서 넣고 끓인다.

02 | 불을 약하게 낮추고 생크림을 넣은 뒤 5분 정도 끓이며 소금, 백후추로 간을 해서 수프를 만든다.

03 | 식힌 수프를 핸드 블렌더로 갈고 체로 곱게 내린다.

04 | 2등분한 관자에 소금, 백후추를 뿌린 뒤 콘밀 가루를 양면으로 곱게 묻혀 올리브유에 굽는다. 이때 콘밀 가루를 튀겨지듯이 굽되 관자 한 면당 1분 이상 굽지 않는다.

05 | 수프를 데운 뒤에 관자를 올린다.

--- TIP ---

- 만약 생옥수수를 사용한다면 껍질만 벗긴 옥수수를 옥수수 수염, 소금과 함께 물 2컵을 넣고 옥수수 알이 떨어져나갈 때까지 1시간 이상 삶는다. 이때 물은 2컵 분량을 유지하도록 계속해서 채워 넣는다.
- 다 삶으면 옥수수 수염과 옥수수 뼈대를 건져낸 뒤 뼈대에 남은 옥수수 알갱이들까지 모두 떼어내고 떨어진 옥수수 알갱이들과 함께 믹서에 곱게 갈아 체에 밀듯이 걸러 껍질을 제거한다.

MAC & CHEESE WITH LOBSTER

바닷가재를 넣은 맥 앤 치즈

방송이나 매체에서 몇 번이나 말했다. 이 요리가 연애 시절 아내에게 해준 첫 요리다. 바닷가재라는 고가의 재료에 비해 시간이 적게 걸린다. 그렇지만 효과는… 후후후.

──────── **4인분 · 1시간 30분** ────────

재료   바닷가재(1kg) 2마리, 마카로니 300g, 레몬 1개, 월계수 잎 2장
통 흑후추 10알, 페퍼론치노 5개, 셀러리 1대, 당근 1개, 양파 2개
올리브유 약간, 버터 3큰술, 밀가루 2큰술, 화이트와인 1컵, 우유 500ml
생크림 250ml, 체더 치즈(분쇄) 200g, 고다 치즈(분쇄) 100g, 블루치즈(분쇄) 50g
파르메산 치즈(분쇄) 50g, 소금 약간, 후추 약간

──────── **만드는 법** ────────

01ㅣ 바닷가재를 냉동실에 1시간 정도 넣어서 움직임을 멈춘다.

02ㅣ 물에 레몬, 월계수 잎, 통후추, 페퍼론치노, 셀러리, 당근, 양파 1개를 넣고 10분 정도
끓이다가 바닷가재를 넣어서 20분 정도 익힌 뒤 꺼내서 식힌다.

03ㅣ 바닷가재의 모든 살을 발라내고 껍질과 내장 등은 따로 모아서 얼려둔다.

04ㅣ 나머지 양파 1개를 잘게 자르고 올리브유에 볶은 뒤 버터와 밀가루를 넣어서 5분 정도
저어준다.

05ㅣ 화이트와인을 넣어서 불을 붙여 알코올을 날리고(불을 생략할 때는 와인 양을 줄임) 우유
와 생크림을 넣고 불을 약하게 줄이고 졸이듯이 끓이다가 뻑뻑해지기 시작하면 치즈
들을 넣어서 치즈 소스를 만든다.

06ㅣ 마카로니를 삶아서 모아놓은 바닷가재 살과 함께 치즈 소스에 넣고 잘 버무려 소금과
후추로 간을 한다.

SEAFOOD CIOPPINO

샌프란시스코식 해산물 스튜

이탈리아에는 없고 샌프란시스코에는 있는 해산물 스튜. 한강에 가서 한강 다리를 보면서 금문교를 상상하며 먹어보자. 샌프란시스코를 떠올리는 노래까지 함께 듣는다면 그날의 분위기는 성공!

4인분 · 1시간 20분

재료　새우(중하) 20마리, 꽃게 3마리, 가리비 관자 10개, 대합 10개, 홍합 12개
　　　　굴(까놓은 것) 200g, 대구살(혹은 흰살 생선) 400g, 양파 3개, 셀러리 1대
　　　　물 2컵, 닭 육수(2권 『닭과 달걀』 54쪽 참조) 4컵, 월계수 잎 2장, 올리브유 1/2컵
　　　　마늘 4알, 파슬리(생) 2큰술, 홀토마토 600g, 화이트와인 1 1/2컵, 바질(건) 1큰술
　　　　타임(건) 1작은술, 오레가노(건) 1작은술, 소금 약간, 후추 약간

곁들이기　빵

만드는 법

01| 새우를 까서 머리와 껍질을 따로 모아 꽃게와 함께 양파 1개, 큼지막하게 자른 셀러리, 물 1컵, 닭 육수 4컵, 월계수 잎 1장을 냄비에 넣고 물의 양이 3컵 정도가 될 때까지 끓여 수프 베이스를 만든다.

02| 육수가 줄어드는 동안 꽃게가 익으면 꺼내서 살만 발라낸다.

03| 수프 베이스가 완성되면 체에 걸러서 식힌다.

04| 큰 팬에 버터나 올리브유를 넣고 잘게 자른 나머지 양파와 마늘, 다진 파슬리를 넣고 양파가 갈색이 나도록 볶는다.

05| 즙을 모두 뺀 홀토마토를 팬에 넣고 주걱으로 누르면서 으깨고, 화이트와인을 넣어 2분 정도 끓여 알코올을 날린다.

06| 수프 베이스와 바질, 타임, 오레가노, 월계수 잎 1장, 물 1컵을 넣고 팬에 뚜껑을 닫은 뒤 30분 정도 약한 불에서 끓인다.

07| 새우와 관자, 조개, 홍합, 굴, 생선살, 발라놓은 게살 등을 모두 넣고 센 불에 한소금 끓인 뒤에 불을 약하게 낮추고 살살 저으면서 10분 정도 조개들이 입을 모두 벌리도록 끓인다.

08| 월계수 잎을 건져 낸 뒤에 소금과 후추로 간을 하고 빵을 곁들여 낸다.

CLAMS IN WHITE-WINE CREAM SAUCE

크림소스 제철 조개 볶음

겨울이면 싱싱한 제철 홍합과 굴을 토마토소스로만 요리하기는 너무 아깝지 않은가? 부드러운 크림 속에 시원한 조개가 들어 있다. 자, 이제 와인 한 병만 있으면 되겠다.

4인분 · 30분

재료 홍합 500g, 모시조개(해감한 것) 20개, 굴(까놓은 것) 100g, 마늘 2개, 샬롯 2개
셀러리 1대, 화이트와인 약간, 물 1/2컵, 생크림 1컵, 소금 약간, 후추 약간
올리브유 약간, 이탈리안 파슬리 약간

곁들이기 청양고추 1~2개, 바게트

만드는 법

01 | 팬에 올리브유를 두르고 다진 마늘과 샬롯, 잘게 자른 셀러리를 넣고 3분 정도 볶는다.

02 | 볶던 팬에 홍합과 모시조개를 넣고 화이트와인을 충분히 뿌려 알코올을 날린 뒤 물을
반 컵 넣어 조개들이 입을 열게 한다.

03 | 팬을 불에서 잠깐 떼고 조개와 홍합을 건져낸 다음 불을 약하게 줄이고 생크림을 넣어
잘 섞으면서 잠시 졸인다.

04 | 소금, 후추로 간을 하고 생굴을 넣고 잠시 익힌 뒤에 조개와 홍합을 다시 넣고 볶는다.
이때, 원하면 청양고추를 잘게 다져 넣는다.

05 | 이탈리안 파슬리를 다져서 뿌려주고 기호에 맞춰서 바게트를 함께 낸다.

SHRIMP & ASPARAGUS RISOTTO

새우 아스파라거스 리소토

현대식 리소토의 기본이 무엇인지 보여준다. 이 레시피에서 재료만 조금씩 바꿔 넣으면 당신도 이제 웬만한 이탈리안 레스토랑의 리소토는 할 수 있다. 진짜로.

2인분 · 40분

재료 새우(중하) 16마리, 양파 1/2개, 쌀 200g, 화이트와인 4큰술
닭 육수(2권 『닭과 달걀』 54쪽 참조) 5컵, 아스파라거스 6줄기
엑스트라 버진 올리브유 1큰술, 버터 2큰술, 파르메산 치즈(분쇄) 1/2컵
방울 토마토 4~6알, 파슬리(생) 약간, 소금 약간, 후추 약간

만드는 법

01│ 팬에 올리브유를 두르고 잘게 자른 양파를 3~4분 익힌다.

02│ ①의 팬에 쌀을 넣고 2분 정도 노르스름하게 볶다가 화이트와인을 넣는다.

03│ 닭 육수를 다른 냄비에서 끓지 않을 만큼 데우면서 쌀이 있는 팬에 3컵 정도를 천천히 나눠 넣으며 저어준다.

04│ 새우의 껍질을 벗기고 손질해서 6마리 정도를 아주 잘게 다진 뒤 ③의 팬에 넣어준다.

05│ 쌀이 거의 익어갈 때쯤 남은 육수 냄비에 1cm 정도로 자른 아스파라거스와 나머지 새우를 넣고 데치듯이 익힌 뒤에 쌀이 익고 있는 팬에 옮겨 넣는다.

06│ 농도를 확인하면서 팬에 남은 육수를 더 넣고 마지막으로 버터를 넣은 뒤에 파르메산 치즈를 뿌려 섞는다. 소금과 후추로 간을 하고 접시로 옮긴다.

07│ 다진 방울 토마토와 파슬리를 올린다.

TIP

• 리소토를 할 때 리소토에 들어갈 육수는 팬 옆에서 같은 온도로 끓여주고 있어야 한다. 그래야 리소토의 쌀을 일정하게 익힐 수 있다.

BABY OCTOPUS IN SPICY TOMATO

매콤 토마토소스 낙지 볶음

소주도 없고 낙지 요리를 파는 가게도 없는 곳에 살면서 그 맛이 생각날 때 시장에서 작은
문어를 발견했다. 그날 밤 소주 대신 보드카로, 낙지 대신 작은 문어로 나에게 서교동의 밤
을 만들어주었다. 그때 먹은 추억의 맛을 떠올리며 낙지로 다시 재현해보았다.

---

4 인분 • 40분

재료   낙지(큰 것) 2마리, 양파 1개, 마늘 4알, 초록 피망 1개, 홀토마토 200g
케이퍼 2큰술, 베트남 고추 6개, 화이트와인 1/2, 라임 1개, 물 1/2컵
버터 2큰술, 파슬리(생) 약간, 소금 약간, 후추 약간, 올리브유 3큰술

만드는 법

01| 양파는 잘게 자르고 마늘은 다진다. 피망은 잘게 썰어놓고 홀토마토는 과육만 잘게 자
른다.

02| 뚜껑이 있는 프라이팬에 올리브유를 두르고 잘게 자른 양파와 다진 마늘을 넣은 뒤 볶
다가 낙지를 넣고 뚜껑을 덮는다.

03| 낙지의 움직임이 멈추면 케이퍼와 베트남 고추, 잘게 썬 피망과 잘게 썬 홀토마토를 넣
고 센 불에 1분 정도 살짝 익힌다.

04| 불을 중간 정도로 낮추고 화이트와인과 라임 1개의 즙을 넣고 5분 정도 끓인다.

05| 물을 넣고 2분 정도 더 끓인 뒤에 버터와 소금, 후추, 파슬리를 넣어서 좀 더 졸인다.

06| 국물이 약간 끈적해지면 완성. 가위로 낙지의 다리와 머리를 분리해내고 먹기 좋게 자
른다.

07| 마무리로 파슬리와 올리브유를 살짝 뿌린다.

BLUE CRAB BISQUE

꽃게 비스크

꽃게철에는 된장을 넣고 끓인 게국지에 소주도 좋겠지만, 조금 특별한 요리를 시도해보자.
사랑하는 사람들을 초대해 비스크(걸쭉한 수프)를 끓여 약간 마른 빵과 함께 내놓는다면, 그
날의 식사는 무조건 성공이다. 경험자가 하는 말이다.

———— 4인분 · 2시간 ————

재료　꽃게 6마리, 올리브유 2큰술, 양파 1개, 당근 1개, 셀러리 1대, 펜넬 뿌리 1/2개
　　　　마늘 1알, 팔각(스타아니스) 1개, 타임 2줄기, 홀토마토 과육 8개
　　　　토마토 페이스트 2큰술, 코냑 1/2컵, 화이트와인 3/4컵, 생선 육수 6컵
　　　　물 1컵, 생크림 1/2컵, 소금 약간, 후추 약간

곁들이기　마른 빵

———— 만드는 법 ————

01｜ 게를 깨끗하게 손질해서 등 껍데기를 떼고 4등분 정도로 잘라준다.

02｜ 중간 정도 크기의 냄비에 올리브유를 두른 뒤 중간 불에 게와 잘게 썬 양파, 당근, 셀러
리, 펜넬 뿌리, 다진 마늘, 팔각, 타임을 넣고 7분 정도 볶은 뒤에 잘게 자른 홀토마토
과육과 토마토 페이스트를 넣고 2분 정도 약한 불에 더 볶아준다.

03｜ ②의 냄비에 코냑을 넣고 불을 붙여 알코올을 날린 뒤에(불을 생략할 때는 코냑을 조금만
넣음) 화이트와인을 넣고 바닥에 눌어붙은 것을 긁어 녹이면서 섞는다. 6분 정도 졸여
서 국물이 약 2/3가 되도록 졸인다.

04｜ 게를 꺼내서 잠시 식히고 그동안 생선 육수와 물을 넣고 끓인다. 건져낸 게의 살을 발
라내고 게살을 제외한 껍데기는 냄비에 다시 넣은 뒤 불은 중간보다 약간 약하게 줄이
고 20분 정도 졸이며 가끔씩 위에 뜬 이물질들을 건져낸다.

05｜ 거즈를 댄 원추형 체를 준비한 뒤에 깨끗한 다른 냄비에 걸치고 모든 내용물을 국자로
눌러가며 즙을 짜내듯이 거른다.

06｜ ⑤의 냄비를 중간 불에 올려 끓이면서 1L 정도 되도록 졸인다.

07｜ 불을 끄고 생크림을 넣어 섞은 뒤 다시 중간 불에 올려서 5~10분 졸이며 소금과 후추
로 간을 한다.

08｜ 바싹 마른 빵과 게살을 올려낸다.

———— TIP ————

• 게의 살을 바를 때 홍두깨나 밀대로 게를 누르듯이 밀면 살이 잘 발린다.

• 생크림은 너무 센 불에 끓이면 층이 분리되므로 불을 약하게 낮추고 섞는다.

• 생선 육수 내는 법
　① 생선뼈를 뜨거운 물에 한 번 살짝 데친다.
　② 데친 생선뼈와 양파, 셀러리, 후추, 월계수 잎, 타임, 마늘을 물과 함께 넣고 30분 정도 끓인 뒤 불을
　　 줄여서 2시간 정도 더 졸이듯 끓인 다음 내용물을 모두 건져서 사용한다.

CLAMS & CHORIZO STEW

조개와 초리소 스튜

김치가 안 들어갔으나 김치찌개 맛이 나는 희한한 술안주

--- **4인분 · 30분** ---

재료 모시조개 1.5kg, 초리소 소시지 100g, 소시지 100g, 마늘 6알, 샬롯 2개
베트남 고추 4개, 화이트와인 약간, 홀토마토 400g
닭 육수(2권 『닭과 달걀』 54쪽 참조) 1컵, 라임 1개
고수 약간, 올리브유 약간, 소금 약간, 후추 약간

--- **만드는 법** ---

01 | 마늘과 샬롯, 베트남 고추를 다진 뒤에 깊은 팬에 올리브유를 약간 두르고 5분 정도 중간 불에 볶아준다.

02 | 팬에 초리소 소시지와 일반 소시지를 썰어 넣고 모시조개를 넣은 뒤에 화이트와인을 뿌려준다.

03 | 홀토마토는 과육만 잘게 다진 뒤 닭 육수와 함께 넣어 조개가 입을 모두 벌리도록 끓여준다.

04 | 소금, 후추로 간을 한 뒤에 잘게 다진 고수와 자른 라임을 곁들여 낸다.

ENGLAND CLAM CHOWDER

영국식 크램 차우더

짜고 싸구려 같다고 투덜대면서 대형마트에 가서 사 먹지 말고, 거기에 모두 준비되어 있는
재료들을 사서 집에서 만들어 먹자. 40분이면 그 대형마트에서 기다리는 시간보다 짧다.

———————————————— **4인분 · 40분** ————————————————

재료   조갯살(모시, 대합, 홍합 등) 2컵
닭 육수(2권 『닭과 달걀』 54쪽 참조) 혹은 생선 육수(65쪽 'TIP' 참조) 3컵, 버터 2큰술
밀가루 1큰술, 화이트와인 약간, 감자 2개, 당근 1개, 우유 2컵, 생크림 2컵
소금 약간, 후추 약간, 파슬리(생) 약간, 차이브(생) 약간

———————————————— **만드는 법** ————————————————

01 | 조갯살들을 반으로 나눠서 반은 잘게 다지고 반은 그대로 둔 뒤에 팬에 잘게 다진 조개
살들을 넣고 버터와 함께 잘 볶는다.

02 | 볶은 조갯살에 밀가루를 넣고 볶으며 화이트와인을 넣고 바닥을 살살 긁어 녹이면서
섞는다.

03 | 감자를 1개는 가로세로 1cm 크기, 1개는 2cm 크기로 자르고 당근도 1cm 크기로 잘라
놓는다.

04 | 냄비에 육수를 붓고 잘라둔 모든 감자와 당근을 넣고 끓이면서, 1cm 크기의 감자가 으
깨져서 없어질 때쯤 되면 나머지 조갯살들을 넣고 5분 정도 끓인다.

05 | 불을 낮추고 우유 2컵과 생크림 2컵을 넣은 뒤 10분 정도 끓이다가 소금, 후추로 간을
한다.

06 | 파슬리와 차이브를 뿌린다.

NERO DI SEPPIA

오징어먹물 파스타

토마토소스와 크림소스 파스타가 질리면 오징어먹물을 써보자. 검정색이라도 이 요리 한 접시면 식욕을 돋울 것이다. 그리고 무엇보다 재료가 흔하고 싸다.

2인분 · 30분

재료 오징어(중간 사이즈) 2마리, 파스타(스파게티, 링귀니 등) 160g
토마토 페이스트 1작은술, 마늘 2알, 오징어먹물 1작은술
닭 육수 (2권 『닭과 달걀』 54쪽 참조) 1/4컵
올리브유 약간, 화이트와인 약간, 소금 약간, 후추 약간

만드는 법

01ㅣ 물에 소금을 넣고 끓여서 파스타를 익힌다.

02ㅣ 팬에 올리브유를 충분히 2큰술 정도 두르고 다진 마늘을 5분 정도 볶는다.

03ㅣ 먹기 좋게 손질해서 자른 오징어와 토마토 페이스트를 센 불에서 빨리 볶다가 화이트 와인을 넣어 불을 붙인다(생략하고 알코올만 날려도 됨).

04ㅣ 닭 육수를 넣고 한소끔 끓인 뒤에 파스타를 넣고 볶다가 오징어먹물을 넣고 소금과 후 추로 간을 한 뒤 올리브유를 뿌리면 끝.

TIP

• 파스타를 삶은 면수는 1컵 정도 버리지 말고 모아뒀다가 닭 육수 대용으로 사용하거나 파스타가 너무 뻑뻑하면 사용한다.

ZUPPA DI COZZA

홍합 스튜

너무나 흔하지만 너무나 맛있는 바로 그 홍합 스튜다. 그런데 너무나 쉽다. 그래서 사실, 이
걸 사 먹는 당신은… 바보…

4인분 · 30분

재료   홍합 500g, 마늘 3알, 화이트와인 1/4컵

채소 육수(4권 『감자와 토마토』 52쪽 참조) 1 1/2컵

토마토소스(4권 『감자와 토마토』 34쪽 참조 혹은 시판용) 150ml

베트남 고추 혹은 페페론치노 고추 3개, 올리브유 2큰술

소금 약간, 후추 약간, 바질(생) 3장

만드는 법

01 팬을 달궈서 올리브유를 두르고 다진 마늘을 넣고 볶는다.

02 홍합을 넣어 볶다가 화이트와인을 넣어 알콜을 날린다.

03 채소 육수를 넣어 끓이며 토마토소스와 다진 고추를 넣고 육수가 반으로 줄어들 만큼
15분 정도 더 끓인다.

04 소금과 후추로 간을 하고 바질을 올린다.

VONGOLE PASTA

봉골레 파스타

다른 파스타는 몰라도 나는 봉골레는 꼭 1인분씩 요리한다. 레스토랑에서도 그렇고 집에서
도 그렇다. 이상하게도 봉골레는 혼자 먹는 일이 많아서 그게 몸에 밴 모양이다. 이제는 3인
분씩 하는 법도 익혀야 하는데 말이다. 이번에는 완벽한 1인분 레시피를 먼저.

1인분 · 25분

재료　바지락 12개, 파스타(스파게티, 링귀니) 90g, 퓨어 올리브유 6큰술, 마늘 4알
　　　　엔초비 1마리, 페퍼론치노 3개, 타임(생) 2줄, 화이트와인 80ml
　　　　채소 육수 300ml, 소금 약간, 후추 약간, 엑스트라 버진 올리브유 약간

만드는 법

01｜ 물에 소금을 풀어서 파스타를 익혀둔다. 이때 9분 정도 삶아야 하는 파스타는 8분 정
　　도만 삶는다.

02｜ 퓨어 올리브유 2큰술을 두르고 다진 마늘을 넣고 볶다가 엔초비와 페퍼론치노를 곱게
　　다져서 넣고 타임도 넣는다.

03｜ 바지락을 넣고 후추를 약간 넣은 다음 화이트와인을 뿌려 불을 붙여 알코올을 날린 뒤
　　에(생략할 때는 와인을 조금만 넣음) 채소 육수를 넣고 뚜껑을 닫는다.

04｜ 바지락이 입을 벌리면 육수를 맛본 뒤에 소금과 후추로 간을 한다.

05｜ 파스타를 넣고 센 불로 2분 정도 볶다가 퓨어 올리브유 4큰술을 넣고 다시 1분 정도 더
　　볶은 뒤에 마지막에 엑스트라 버진 올리브유를 뿌리고 접시에 담는다.

TIP

• 처음부터 엑스트라 버진 올리브유를 넣어 만들면 향이 너무 강하므로 퓨어 올리브유를 사용하고 엑스
트라 버진 올리브유는 나중에 뿌린다.

• 면을 살짝 덜 삶는 이유는 나중에 면을 볶기 때문에 그 사이 익는 정도를 감안한다.

GARLICKY CLAM IN FOIL

마늘 조개 바비큐

누차 이야기하지만 바비큐는 네 발 달리고 날개 달린 재료들의 전유물이 아니다. 생선뿐만 아니라 조개도 훌륭한 바비큐 재료다.

2인분 · 30분

재료 홍합 30개, 조개(모시, 바지락) 15개, 마늘 3알, 버터 1큰술, 청양고추 1개
다진 파슬리(생) 2큰술, 타임(생) 2줄기, 엑스트라 버진 올리브유 2큰술
소금 약간, 후추 약간

만드는 법

01| 알루미늄 포일을 가로세로 60cm 크기로 두 장을 자른다.

02| 첫 번째 포일 위에 올리브유를 2큰술 뿌려 바른 뒤, 손질한 홍합과 해감한 조개를 올리고 얇게 채 썬 마늘, 버터, 다진 청양고추, 다진 파슬리, 타임, 소금, 후추를 넣고 단단히 싼다.

03| 첫 번째 포일을 두 번째 포일 위에 올리고 두 번째 포일은 더 단단히 싸맨다.

04| 그릴의 온도가 낮은 쪽에 감싼 포일을 올리고 15분 정도 익힌다. 이때 그릴의 뚜껑이나 냄비, 스테인리스 볼을 덮어서 열을 올려준다.

05| 센 불에서 10분 정도 더 익힌 뒤 꺼내서 국물은 따로 받아서 파스타 등을 말거나 소스처럼 조개를 찍어 먹는다.

ECUADOR SHRIMP CEVICHE (CEVICHE DE CAMARÓN)

에콰도르식 새우 세비체

서울에서 에콰도르 통상부장관과 대사 만찬을 한 적이 있다. 그때 이 음식을 포함한 세 가지 음식은 에콰도르 현지보다 좋다고 했다. 진짜다!

──── 4인분 · 2시간 30분 ────

재료　새우(중하) 1kg, 맥주 1캔, 물 1컵, 적양파 2개, 토마토 4개, 피망 1개
　　　　라임 6개, 오렌지 1개, 다진 고수 4큰술, 소금 약간, 후추 약간
　　　　토마토 케첩 1/2컵, 카놀라유 약간

곁들이기　팝콘 혹은 감자칩(플렌테인 칩)

──── 만드는 법 ────

01| 새우의 껍질과 머리를 벗겨낸다.

02| 맥주와 물을 반반 섞어서 끓인 뒤 새우를 데쳐서 식힌다.

03| 적양파는 얇게 자르고 차가운 소금물에 10분 정도 담근 뒤 꼭 짜서 물기를 제거한다.

04| 토마토와 피망은 씨를 빼고 잘게 자르고 라임과 오렌지는 즙을 짜낸 뒤에 다진 고수, 소금, 후추, 토마토 케첩, 카놀라유를 잘 섞어서 소스를 만든다.

05| 데쳐서 식힌 새우와 자른 적양파를 소스에 넣고 2시간 정도 냉장실에 숙성한 뒤에 그릇에 담고 팝콘이나 감자칩(플렌테인 칩)을 함께 낸다.

STUFFED CALAMARI

서양식 오징어 순대

오징어 순대의 서양 버전이라고 할 수 있는 별미 요리이다. 생각보다 쉽다. 아무리 어려워
도 강원도의 오징어 순대보다 쉽다.

4인분 · 1시간

재료 오징어(중간 크기) 2마리, 찹쌀가루 2큰술, 새우(중하) 6마리, 베이컨 2~3줄
흰살 생선(대구, 틸라피아 등) 100g, 올리브유 약간
양파 1개, 마늘 1개, 청양고추 1개, 빵가루 약간
파르메산 치즈(분쇄) 50g, 모차렐라 치즈(분쇄) 50g, 파슬리(생) 약간
토마토소스(4권 『감자와 토마토』 34쪽 참조 혹은 시판용) 4큰술, 소금 약간, 후추 약간

소스 고추장 2큰술, 식초 2큰술, 올리고당 4큰술, 마늘 가루 1작은술

도구 나무 꼬치

만드는 법

01 | 오징어는 내장을 손질해서 버리고, 껍질은 벗기지 않는다.

02 | 오징어 내장을 뺀 곳에 소금, 후추를 뿌리고 찹쌀가루를 문질러준다.

03 | 팬에 올리브유를 두르고 다진 양파와 마늘, 다진 청양고추를 수분이 모두 날아가도록
볶아준다.

04 | ③의 팬에 잘게 자른 베이컨과 잘게 자른 새우, 잘게 자른 흰살 생선을 넣고 익을 때까
지 잘 볶다가 빵가루와 모든 치즈, 파슬리, 토마토소스를 넣고 잘 섞어 속을 만든 뒤 식
혀둔다.

05 | 소스에 필요한 분량의 모든 재료를 잘 섞어 소스를 만든다.

06 | 만들어둔 속을 오징어에 채워 넣고 물에 담가 두었던 꼬치를 오징어 입구에 잘 꽂아서
소스를 발라가며 굽는다.

GREEN ONION SAUCE

그린 양파 소스

냉장고에서 놀고 있는 전을 부치고 남은 동태살을 스테이크로 바꾸어줄 수 있는 소스

―――――――――― **4인분 · 25분** ――――――――――

재료　대파 3대, 파슬리(생) 1/2컵, 카놀라유 1/4컵, 현미식초 1/4컵
　　　　디종 머스터드 1큰술, 꿀 2큰술, 생크림 150ml, 버터 1큰술
　　　　소금 약간, 백후추 약간, 물(option) 약간

―――――――――― **만드는 법** ――――――――――

01| 대파를 초록 부분과 흰 부분으로 나누어 잘게 자르고 초록 부분은 찬물에 5분 정도 담가서 진액을 빼고 물기를 완전히 제거해둔다.

02| 자른 대파와, 분량의 다진 파슬리 중에 절반을 중간 불에서 카놀라유를 넣고 살짝 볶는다. 이때 기름이 너무 많거나 색이 안 나면 나머지 파슬리를 넣어 조절한다.

03| 잠시 식힌 대파 파슬리 볶음, 현미식초, 디종 머스터드, 꿀을 핸드 블렌더에 넣고 곱게 간다.

04| ③을 체에 한 번 걸러낸 뒤 다시 소스 팬에 넣고 중간 불에 끓지 않도록 데운다.

05| 불을 줄이고 생크림과 버터를 넣고 걸쭉해질 때까지 약한 불에서 졸인다. 만약 소스가 너무 걸쭉하면 물을 조금 넣는다.

06| 소금과 후추로 간을 한다.

SPICY TOMATO JAM

매콤 토마토 잼

새우나 굴을 튀겨서 케첩에 찍어 먹을 수도 있지만, 그러면 루이지애나답지 않다고 루이지
애나에서 온 나의 예전 셰프가 그랬다. 현지 그대로, 본연의 맛을 먹어보는 것은 즐거운 일
이다.

6인분 · 40분

재료 카놀라유 2큰술, 적양파 1개, 마늘 1알, 올스파이스 파우더 1작은술, 정향 약간
홀토마토 2컵, 토마토 케첩 1/4컵, 베트남 고추 4개, 콘 시럽 혹은 물엿 3큰술
발사믹 식초 2큰술, 꿀 2큰술, 소금 약간, 후추 약간

만드는 법

01 | 중간 불에 팬을 올리고 카놀라유를 두른 뒤 잘게 자른 적양파를 3~4분 갈색이 나도록
볶는다.

02 | 다진 마늘을 넣고 30초 정도 볶은 뒤에 올스파이스 파우더와 정향을 넣고 다시 30초
정도 볶는다.

03 | 완전히 물기를 짜내고 으깬 홀토마토와 토마토 케첩, 다진 베트남 고추, 콘 시럽(혹은
물엿), 발사믹 식초, 꿀을 넣고 30분 정도 약한 불에 졸여 끈적해지면 충분히 식힌다.

04 | 푸드 프로세서에 ③을 넣고 아주 곱게 갈아낸다. 이때 소금과 후추로 간을 한다.

TIP

• 하루 전에 만들어 공기를 차단한 뒤에 냉장실에서 숙성하고, 사용할 때는 꺼내어 상온으로 맞춘다.

ROMESCO SAUCE

로메스코 소스

레스토랑에서 남은 빵으로 항상 만들어 상비해두던 소스. 발라 먹는 스프레드부터 소고기,
돼지고기, 닭고기, 생선 등 어디에나 곁들여 먹어도 무리가 없던, 초간단 만능 소스

4인분 · 15분

재료   빨간 파프리카 3개, 아몬드 1/4컵, 딱딱하게 굳은 빵 2개, 베트남 고추 1개
올리브유 2/3컵, 마늘 3알, 토마토 1개, 화이트와인 식초 4큰술
레드와인 식초 2큰술, 소금 약간, 후추 약간

만드는 법

01ㅣ 파프리카는 직화로 구운 뒤에 껍질을 벗기고 씨를 제거한다. 절대 물에 씻지 않는다.

02ㅣ 아몬드는 팬에 중간 불로 구운 뒤에 곱게 간다.

03ㅣ 딱딱한 빵은 올리브유 3큰술 정도를 넣고 한 번 바삭하게 구운 뒤 기름기를 빼놓는다.

04ㅣ 남은 올리브유를 제외한 나머지 모든 재료를 푸드 프로세서에 넣고 곱게 간다.

05ㅣ 올리브유는 가장 나중에 천천히 넣으면서 갈고 소금, 후추로 간을 한다.

TIP

• 파프리카를 직화하는 방법은 2권 『닭과 달걀』 87쪽에서 더 자세히 참조

RED PEPPER SALSA

파프리카 살사

대한민국이 세계에서 가장 질 좋은 파프리카를 생산하는 나라라는 것을 다들 잘 모르는 모양이다. 팬에 굽거나 볶지 않고 파프리카를 가장 맛있게 익혀 먹을 수 있는 방법 중 하나가 불에 직화하는 것(Roasted Pepper)이라는 사실을 잘 모르듯이.

4인분 · 30분

재료　빨간 파프리카 5개, 홍고추 2개, 적양파 1/2개, 마늘 2알
　　　　올리브유 3큰술, 레몬 1개, 소금 약간, 후추 약간

곁들이기　고수

만드는 법

01 | 빨간 파프리카를 불에 직화로 굽는다.

02 | 홍고추와 적양파는 잘게 자르고, 마늘은 곱게 다지고, 직화로 구운 파프리카는 가로세로 0.5cm 크기로 자른다.

03 | 모든 재료를 잘 섞은 뒤에 냉장 보관을 한다.

HORSERADISH SHRIMP COCKTAIL SAUCE

호스래디시 새우 칵테일 소스

충남 태안에서 촬영이 있었다. 이 소스를 20인분 정도 만들어갔다. 그 다음에 한 일은 촬영 후 저녁 내내 새우를 삶아 식히는 것이었다. 이 소스에 찍어 먹기 위해서.

----- **4인분 · 5분** -----

재료   토마토 케첩 1컵, 호스래디시(캔 혹은 병) 1/2컵, 꿀 3큰술, 디종 머스터드 2큰술
메이플 시럽 2큰술, 우스터 소스 2작은술, 고춧가루 2큰술, 소금 약간, 후추 약간

----- **만드는 법** -----

01 | 모든 재료를 넣고 아주 잘 섞은 뒤 2시간 정도 냉장 숙성한다.

SHRIMP DIP

새우 크림소스

이 소스를 먹고 나면 나초나 감자칩 등을 살사와 치즈에만 찍어 먹지 않게 된다. 뭔가 빠진
듯한 초라한 느낌을 받게 될 것이다. 기꺼이 투자한 30분의 시간만으로 스낵 파티의 기분을
낼 수 있다.

8인분 • 30분

재료 베이비 새우살 800g, 레몬 1개 , 양파 1개, 크림치즈 300g, 마요네즈 3/4컵
우스터 소스 1작은술, 호스래디시(서양고추냉이) 1작은술, 케첩 2큰술
딜(건) 2작은술, 후추 약간, 소금 약간, 나초 혹은 감자칩

만드는 법

01| 새우는 레몬을 잘라 넣은 물에 살짝 데친다.

02| 양파를 아주 곱게 다진 뒤 얼음물에 5분 정도 담갔다가 물기를 완전히 털어낸다.

03| 크림치즈를 상온에서 부드럽게 녹여둔다.

04| 익힌 새우살을 팬에서 살짝 물기를 날려주거나 물기가 없는 상태라면 그냥 ②, ③과
함께 섞어준다.

05| 으깨듯이 잘 눌러 섞으면서 나머지 모든 재료를 넣는다. 포테이토 매셔가 있다면 으깨
섞을 때 사용하고, 없다면 포크나 숟가락 등을 사용해도 무방하다.

06| 차게 식힌 후에 나초나 감자칩 등과 함께 낸다.

CLAM SAUCE

조개 소스

혼자 사는 외국생활 중에 소스처럼 만들어놓고 한국으로 치면 볶음고추장 같은 느낌으로
바쁠 때마다 밥 위에 얹어 먹거나 비벼 먹곤 했던 소스. 아이들이 밥을 잘 안 먹을 때 간단한
건강식으로 해줘도 좋다.

-------------------- **4인분 · 40분** --------------------

재료　　모시조개/바지락/홍합 각 500g(껍질 포함), 레몬 1개, 양파 1/2개, 마늘 3알
　　　　버터 4큰술, 베트남 고추 4개, 화이트와인 약간, 조개 삶은 물 1컵
　　　　오레가노(생) 2큰술, 소금 약간, 후추 약간

-------------------- **만드는 법** --------------------

01 |　조개는 레몬을 잘라 넣은 끓는 물에 입을 열 때까지 모두 삶아서 식혀 살만 발라낸 뒤
　　　곱게 다진다.

02 |　양파와 마늘은 곱게 다져서 팬에 넣고 버터 1큰술과 함께 볶다가 다진 조갯살들을 넣
　　　고 베트남 고추를 다져 넣은 다음 10분 정도 약한 불에 볶는다.

03 |　화이트와인으로 불을 붙여 알코올을 날리고(생략할 때는 와인을 아주 조금만 넣음) 끓여
　　　놓은 조개 삶은 물을 1컵 정도 넣은 뒤에 졸이다가 국물이 자작해지면 오레가노를 넣
　　　고 소금, 후추로 간을 하고 버터 3큰술을 넣어 농도를 맞춘다.